BEI GRIN MACHT SICH IHR WISSEN BEZAHLT

- Wir veröffentlichen Ihre Hausarbeit, Bachelor- und Masterarbeit

- Ihr eigenes eBook und Buch - weltweit in allen wichtigen Shops

- Verdienen Sie an jedem Verkauf

Jetzt bei www.GRIN.com hochladen und kostenlos publizieren

Sven-David Müller

MCT-Fette können beim Abnehmen helfen. Der Einsatz von mittelkettigen Triglyzeriden gegen Übergewicht und Adipositas

GRIN Verlag

Bibliografische Information der Deutschen Nationalbibliothek:

Die Deutsche Bibliothek verzeichnet diese Publikation in der Deutschen National-
bibliografie; detaillierte bibliografische Daten sind im Internet über http://dnb.d-
nb.de/ abrufbar.

Impressum:

Copyright © 2012 GRIN Verlag GmbH
Druck und Bindung: Books on Demand GmbH, Norderstedt Germany
ISBN: 978-3-656-24462-2

Dieses Buch bei GRIN:

http://www.grin.com/de/e-book/197798/mct-fette-koennen-beim-abnehmen-helfen-
der-einsatz-von-mittelketten

GRIN - Your knowledge has value

Der GRIN Verlag publiziert seit 1998 wissenschaftliche Arbeiten von Studenten, Hochschullehrern und anderen Akademikern als eBook und gedrucktes Buch. Die Verlagswebsite www.grin.com ist die ideale Plattform zur Veröffentlichung von Hausarbeiten, Abschlussarbeiten, wissenschaftlichen Aufsätzen, Dissertationen und Fachbüchern.

Besuchen Sie uns im Internet:

http://www.grin.com/

http://www.facebook.com/grincom

http://www.twitter.com/grin_com

Der Einsatz von MCT-Fetten bei Übergewicht und Adipositas

Mittelkettige Triglyzeride können das Abnehmen unterstützen

Von Sven-David Müller, MSc.

MCT-Fette können beim Abnehmen helfen

Fette spielen für unseren Körper eine wichtige Rolle. Sie sind unverzichtbare Baustoffe der Zellen, vermitteln die Aufnahme von lebensnotwendigen Fettsäuren und fettlöslichen Vitaminen, sorgen als Isolierschicht für Wärme und schützen als Fettpolster empfindliche Organe (Augäpfel oder Nieren) vor Verletzungen. Fett ist außerdem ein konzentrierter Energielieferant und unser Fettgewebe stellt unsere größte Energiereserve dar – und hier beginnt das „Fettproblem".

Werden die üblichen Nahrungsfette übermäßig verzehrt, speichert der Körper das überschüssige Fett für Notzeiten. Das Körpergewicht steigt, es kommt zu Übergewicht. Ernährungsabhängige Krankheiten wie Bluthochdruck, Diabetes mellitus und Herz-Kreislauf-Erkrankungen treten häufig auf. Um dies zu vermeiden, ernähren sich viele Menschen fast fettfrei oder fettarm. Diese Ernährungsform ist aber geschmacklich eintönig, und auf Dauer kann es zur Unterversorgung mit lebensnotwendigen Fettsäuren kommen.

Jetzt bieten Fette mit mittelkettigen Fettsäuren (= MCT) neue Möglichkeiten. MCT unterscheiden sich im Stoffwechsel von den üblichen Nahrungsfetten mit langkettigen Fettsäuren (= LCT). Eine Studie an der Karls-Universität in Prag bestätigt das. MCT-Fette werden schneller als LCT-Fette aufgenommen und gelangen in die Leber. Dort erfolgt ein bevorzugter Abbau unter Bildung von Wärme und Energie, die Speicherung im Fettgewebe ist nur begrenzt möglich. Die Verwendung MCT-haltiger Lebensmittel ermöglicht eine bessere Kontrolle des Körpergewichts.

Das Problem Übergewicht

In den industrialisierten Ländern sind Überernährung und Übergewicht und die sich daraus ableitenden Krankheiten die Hauptursache für die Kostenexplosion im Gesundheitswesen. In Deutschland sind 40 Millionen Menschen zu dick. Nur 15 Prozent der deutlich Übergewichtigen haben eine normale Lebenserwartung, denn sie erkranken häufiger als Normalgewichtige an Bluthochdruck, erhöhten Blutfetten, erhöhtem Harnsäurespiegel sowie Diabetes mellitus und erleiden früher einen tödlichen Herzinfarkt oder Schlaganfall.

Zur Bekämpfung der überflüssigen Pfunde sind unzählige Diäten „in aller Munde". Doch die meisten haben eines gemeinsam: Sie führen zum Jo-Jo-Effekt, und die mühsam abgehungerten Pfunde sind nach Beendigung der Diät rasch wieder da. Der Jo-Jo-Effekt beruht darauf, dass der Organismus sich bei einer reduzierten Kalorienzufuhr im Rahmen einer Reduktionsdiät dieser vermeintlichen „Notzeit" anpasst und seinen Energieverbrauch reduziert, um auch mit wenig Energie auszukommen. Steigt die Nahrungsaufnahme nach Beendigung der Diät wieder auf das „normale" Maß an, bleibt der Energieverbrauch trotzdem niedrig. Dies führt unweigerlich zur Gewichtszunahme.

Eine wirksame Methode zur langfristigen Gewichtsreduktion stellt eine kalorienreduzierte Ernährung dar. Dabei stellt der Fettgehalt der Nahrung das größte Problem dar, denn Fett ist der konzentrierteste Kalorienträger in unserer Nahrung. In vielen Lebensmitteln ist Fett „versteckt", und da Fett ein Geschmacksträger ist, schmecken fettreiche Lebensmittel auch gut.

Wie sind Fette aufgebaut? Wie unterscheiden sich MCT von anderen Fetten?

Glycerin	Fettsäure
	Fettsäure
	Fettsäure

Neutralfette werden auch als Triglyzeride, Triacylglycerine oder Triacylglycerole bezeichnet und stellen die wichtigsten Bestandteile der Fette dar. Triglyzeride sind aufgebaut aus einem Molekül Glycerin, das mit drei Fettsäuren in Form eines dreizinkigen Kammes verbunden ist. Am häufigsten kommen langkettige Fettsäuren vor, die 14 oder mehr Kohlenstoffatome tragen.

Fette mit langkettigen Fettsäuren werden entsprechend ihrer englischen Bezeichnung (**l**ong **c**hain **t**riglycerides) auch als LCT bezeichnet. MCT (**m**iddle **c**hain **t**riglycerides = mittelkettige Triglyzeride) sind besondere Fette pflanzlichen Ursprungs. Sie sind genauso aufgebaut wie LCT, doch ihre Fettsäuren haben nur zwischen 6 und 12 Kohlenstoffatome. Die chemischen Merkmale der Fettsäuren sind verantwortlich für die unterschiedlichen Eigenschaften der Triglyzeride, wie beispielsweise ihre Schmelztemperatur und ihre Verwertung im Körper. Schon bei der Verdauung zeigen sich Unterschiede zwischen den Fetten. LCT benötigen Gallenflüssigkeit, um in den Körper aufgenommen zu werden. Die Galle bildet mit den Fetten kleine Tröpfchen, die dann von Verdauungsenzymen abgebaut werden. Die Fettsäuren werden dann in Form von besonderen Transportern, den Chylomikronen, erst in die Lymph- und danach in die Blutbahn geschleust. MCT dagegen gehen einen kürzeren Weg: Sie werden auch ohne die Hilfe der emulgierenden Galle und der fettspaltenden Enzyme in die Schleimhautzellen des Dünndarmes aufgenommen und direkt über die Pfortader zur Leber transportiert. Da sie im Vergleich zu LCT gut wasserlöslich sind, werden sie nicht in Chylomikronen, sondern gebunden an das Plasmaprotein Albumin transportiert.

Wo kommen MCT-Fette vor?

Normale Nahrungsfette wie pflanzliche Öle enthalten fast Triglyzeride mit 14, 16 oder kommen daher keine in der normalen Ernährung können Sie eine aus-aufnehmen. Durch ein aus Kokosnussöl und reichhaltige MCT-Quellen gewonnen. Die Menge an Sie leicht erhöhen, indem Sie dem Reformhaus verwenden.

Butter, Margarine und ausschließlich langkettige 18 Kohlenstoffatomen. Es größeren Mengen MCT-Fette vor. Nur über Spezialprodukte reichende MCT-Menge spezielles Verfahren werden Palmkernöl, die relativ darstellen, reine MCT-Fette MCT in Ihrer Nahrung können spezielle MCT-Produkte aus

Chemische Unterscheidungsmerkmale der Fettsäuren
- Länge der Kohlenstoffatomkette
  - kurzkettige Fettsäuren (weniger als 6 Kohlenstoffatome)
  - **mittelkettige Fettsäuren** (6 bis 12 Kohlenstoffatome)
  - langkettige Fettsäuren (mehr als 12 Kohlenstoffatome)
- Vorliegen/ Anzahl von Doppelbindungen
  - gesättigte Fettsäuren (keine Doppelbindung)
  - einfach ungesättigte Fettsäuren (eine Doppelbindung)
  - mehrfach ungesättigte Fettsäuren (mehrere Doppelbindungen)
- Lokalisation der Doppelbindungen
  - ω-9-, ω-6- und ω-3-Fettsäuren, mit Doppelbindung am 9., 6. bzw. 3. Kohlenstoffatom

MCT-Gehalt natürlicher Lebensmittel (Beispiele): Gehalt pro 100 Gramm			
Kokosfett	13,1 g	Schafskäse, Feta	1,5 g
Palmkernfett	8,1 g	Weichkäse 70% F.i.Tr.	1,5 g
Mayonnaise 80% Fett	5,5 g	Halbfettbutter - Milchhalbfett	1,5 g
Butterschmalz	3,8 g	Schnittkäse Doppelrahmstufe	1,5 g
Butter	3,1 g	Parmesan	1,3 g
Roquefort	2,5 g	Frischkäse Doppelrahmstufe	1,2 g
Nuss-Nougat-Creme	2,4 g	Schmelzkäse	1,1 g
Margarine, Linolsäure 30-50%	1,8 g	Schlagsahne 30% Fett	1,1 g

Wofür werden MCT-Fette eingesetzt?

Der Einsatz von mittelkettigen Triglyzeriden in der Ernährungsmedizin und der Diätetik reicht bis in das Jahr 1964 zurück. MCT-Fette werden bei Krankheiten eingesetzt, bei denen die Betroffenen normale Fette nicht verdauen oder aufnehmen können. Eine MCT-Kost hat sich auch als eine Form der „Ketogenen Diät" etabliert, die zur Therapie zerebraler Anfallsleiden angewandt wird. Neu ist der Einsatz der MCT-Fette zur Vorbeugung und Behandlung von Übergewicht. MCT-Fette haben zudem immunmodulierende Eigenschaften und schützen vor Verlust von Immunglobulin G, woraus sich weitere Einsatzgebiete der MCT ergeben werden (16; 23).

Einsatzgebiete der MCT-Fette
- Malassimilation (beispielsweise Zustand nach totaler, partieller Gastrektomie, Dünndarmteilresektion mit Kurzdarmsyndrom, verminderte Gallensekretion (Cholestase, primär biliäre Leberzirrhose, Zustand nach Cholezystektomie)
- chologene Diarrhoe/ Steatorrhoe
- Blind-loop-Syndrom
- totale oder partielle Pankreatektomie, chronische Pankreatitis mit exokriner Pankreasinsuffizienz
- Strahlenenteritis im Bereich des Dünndarms
- intestinale Lymphangiektasie bei Abflussbehinderung langkettiger Fettsäuren über die Lymphbahnen
- Morbus Whipple
- chronisch entzündliche Darmerkrankungen im akuten Entzündungsschub, Zöliakie und Sprue
- Chylothorax
- Chyurie
- Hyperchylomikronämie (HLP Typ 1), Alpha-Beta-Lipoproteinämien (HLP Typ V)
- Mukoviszidose
- exsudative Enteropathie
- HIV-Infektion (insbesondere Stadium AIDS)
- sowie enterale und parenterale Ernährung
- **Vorbeugung und Behandlung von Übergewicht.**

Welche Wirkungen haben MCT-Fette auf das Körpergewicht?

In einer Ernährungsstudie (8) wurde der Effekt eines gewissen Austauschs von LCT- gegen MCT-Fette auf das Körpergewicht, die Energieaufnahme und Stoffwechsel-Parameter untersucht. Die MCT-Fette wurden dabei nicht nur in Form von Öl, sondern als Bestandteil verschiedener Lebensmittel wie Margarine, Mayonnaise und Brotaufstriche angeboten. Die MCT-Produkte enthielten außerdem die lebensnotwendigen, mehrfach ungesättigten Fettsäuren und fettlösliche Vitamine in bedarfsgerechter Menge. Bei der Auswertung der Ergebnisse zeigten sich beim Körpergewicht der Probandinnen keine Veränderungen, obgleich sie während der MCT-Kost mehr Fett und mehr Kalorien über MCT-Fette aufnahmen als die Kontrollgruppe In der Studie zeigte sich überraschenderweise, dass bei Ersatz von LCT- durch MCT-Fette der Energiebedarf steigt. MCT-Fette sind also zur Vorbeugung von Übergewicht geeignet und helfen, schlank zu bleiben oder zu werden.

In diesem Zusammenhang ist eine weitere, in Prag durchgeführten Studie mit Übergewichtigen von Bedeutung (11). Dabei erhielten 60 Probanden für 4 Wochen eine Reduktionskost mit 380 kcal. Sie zeigten eine deutliche Gewichtsreduktion und eine Abnahme der BMI-Werte während des Studienverlaufs. 11 Probanden erhielten in der 3. und 4. Woche zusätzlich 15 ml MCT-Öl, das heißt 125 kcal mehr als der Rest der Probanden. Trotz der zusätzlichen Energiezufuhr entwickelte sich das Körpergewicht der Probanden gleich. Eine weitere Untersuchung zeigte, dass bei Verzehr von MCT im Vergleich zu einer LCT-haltigen Kost sowohl das Körpergewicht als auch das Körperfett stärker abnahmen. Vor allem die Menge an subkutanem Fett war vermindert (22).

Wie helfen MCT-Fette bei der Gewichtsreduktion?

MCT-Fette unterscheiden sich in mehreren Punkten von LCT. Durch ihre besondere Struktur werden sie im Körper anders verwertet als LCT und haben andere biologische Eigenschaften. Diese machen MCT geeignet für ihren Einsatz bei Übergewicht.

• MCT haben weniger Kalorien als LCT

Der Energiegehalt der MCT liegt 10 Prozent unterhalb dem der LCT (3). Dieser Kalorienunterschied kommt zustande, weil die Fettsäuren entsprechend ihrer Länge Energie liefern. Allein der Austausch von LCT gegen MCT bewirkt bereits eine Verminderung der Kalorienaufnahme. Bei 50 Gramm MCT-Fett pro Tag macht dies eine Jahresersparnis von 16.425 Kilokalorien aus.

| MCT: | 8,3 Kilokalorien pro Gramm |
| LCT: | 9.2 Kilokalorien pro Gramm |

• MCT werden nicht gespeichert

Eine weitere Besonderheit besteht darin, dass mittelkettige Fettsäuren nicht im Körper gespeichert werden. Sie werden schnell und direkt in die Blutbahn aufgenommen und zur Leber transportiert. Dort werden sie zum größten Teil zur Energiegewinnung genutzt. Der oxidative Abbau mittelkettiger Fettsäuren ist schneller als der langkettiger (3). Zwar besteht die Möglichkeit, die Fettsäuren zu verlängern und dann in den Fettzellen einzulagern, doch dieser Weg ist recht aufwendig. Auch wenn der größte Teil der Nahrungsfette aus MCT besteht, sind im Fettgewebe doch nur wenige MCT zu finden (13). Bei Tierstudien wird unter einer MCT-haltigen Kost eine verminderte Fetteinlagerung beobachtet (2, 9).

• MCT erhöhen den Energieverbrauch

Der Verzehr von MCT-Fetten erhöht den Energieverbrauch (3, 21). Bei einer täglichen Aufnahme von 15 bis 30 Gramm MCT stieg der Energieverbrauch um durchschnittlich 5 Prozent an (6). Nach der Nahrungsaufnahme produziert der Körper vermehrt Energie, was als „postprandiale Thermogenese" bezeichnet wird. Der Umfang der Wärmebildung hängt von den aufgenommenen Nährstoffen und von genetischen Faktoren ab. Bei Verwendung von MCT ist die postprandiale Thermogenese erhöht (14). Bei Aufnahme einer Mischkost steigt der Energieverbrauch um rund 8 bis 15 Prozent, davon entsprechen 2 bis 4 Prozent der mit Fett aufgenommenen Energiemenge. Verzehrte MCT tragen hingegen bis zu 7 Prozent zur postprandialen Thermogenese bei. Als Gründe für diese erhöhte Wärmebildung werden noch verschiedene Mechanismen diskutiert (3). Die schnelle Oxidation an sich, aber auch dabei entstehende Abbauprodukte der MCT haben wahrscheinlich Einfluss auf das Ausmass der Thermogenese. Zudem scheint eine Aktivierung des sympathischen Nervensystems durch MCT stattzufinden, da vermehrt Noradrenalin im Urin ausgeschieden wird (6).

• MCT führen nicht zum Jo-Jo-Effekt

Eine Reduktionsdiät, die Fett in Form von MCT enthält, führt offensichtlich nicht zu dem gefürchteten Jo-Jo-Effekt. Bei einer Reduktionskost mit MCT-Fetten konnte in einer Studie kein Abfall des Energiebedarfs festgestellt werden (11). Bei den Probanden, die nur die Reduktionskost ohne MCT erhielten, sank der Energiebedarf dagegen deutlich. Sie kommt zustande, weil der Körper zur Energiegewinnung Eiweiß abbaut, also Muskelmasse. Bei Verwendung von MCT wird der Jo-Jo-Effekt dagegen wahrscheinlich umgangen. Die Energieversorgung des Organismus wird über den Verbrauch der MCT-Fette aufrecht erhalten, wodurch der Abbau von Körpereiweiß nicht nötig ist (5).

• MCT umgehen Defekte in der Fettsäure-Oxidation

Bei vielen übergewichtigen Menschen ist die Oxidation von LCT im Vergleich zu normalgewichtigen Personen herabgesetzt (4). Da der Abbau der Fette gestört ist, lagern Übergewichtige das Fett in einem noch höheren Maß im Fettgewebe ein. Es konnte ein Zusammenhang zwischen dem Ausmaß der Fettsäure-Oxidation und dem Ausmaß der Fettmasse festgestellt werden. D. h., je höher die Oxidationsrate ist, desto niedriger ist der Anteil der Fettmasse und umgekehrt. Bei der Verwendung von MCT ist dieser Defekt allerdings nicht zu erkennen. Da MCT kaum gespeichert werden können, werden sie auch von Übergewichtigen fast komplett zur Energiegewinnung genutzt. Damit umgehen MCT den Defekt in der Fettsäure-Oxidation.

- *MCT vermindern den Appetit*

In einer aktuellen Studie zeigte sich, dass MCT-Fette den Appetit bei der folgenden Mahlzeit dämpfen (25). Dabei erhielten alle Probanden die gleiche Kost, einmal versetzt mit LCT, einmal mit MCT und einmal mit Kohlenhydraten. Der Energiegehalt der Nahrung unterschied sich nicht. Dann wurde bei der darauffolgenden Mahlzeit der Zeitpunkt und die aufgenommene Nahrungsmenge registriert. Es zeigte sich, dass die Menschen, die MCT-Fette verzehrt hatten, bei der folgenden Mahlzeit deutlich weniger aßen als die Probanden aus den anderen Gruppen. Die Dauer der Sättigung wurde durch MCT allerdings nicht beeinflusst. Dieser Effekt zeigte sich nur bei der Kohlenhydrat-Zulage.

- *MCT steigern das Durchhaltevermögen*

Übergewichtige Menschen haben häufig eine Vorliebe für fettreiche Speisen, die sie auch unbewusst in ihren Speiseplan einbauen. Fett ist ein wichtiger Aromaträger in unserer Nahrung. Der Verzicht auf diese Speisen im Rahmen einer fettarmen, energiereduzierten Kost stellt oft den Grund für den Abbruch der Diät dar. Mit MCT-Fetten werden fettreiche Speisen „entschärft", denn MCT-Lebensmittel führen nicht in dem Maß zu Übergewicht wie vergleichbare Produkte ohne MCT. Doch wichtig ist auch bei einer MCT-Kost, Fette nicht im Übermaß zu verwenden.

Wie wende ich MCT-Fette an?

Mit der üblichen Ernährungsweise nimmt der Menschen wenig MCT-Fette zu sich. Daher muss der Einstieg in eine MCT-Kost langsam erfolgen, damit sich der Körper daran gewöhnen kann. MCT-Fette sollten gegen LCT „einschleichend" ausgetauscht werden, da sonst Nebenwirkungen wie Bauch- und Kopfschmerzen sowie Übelkeit, Erbrechen und Durchfälle auftreten können. Die MCT-Fett-Zufuhr beginnt mit 10 bis 20 Gramm und wird um 10 Gramm täglich auf bis zu 120 Gramm am Tag gesteigert. 30 g MCT können pro Stunde maximal verwertet und 150 g pro Tag sollten nicht überschritten werden. Im Rahmen einer Reduktionskost sollten 40 bis 60 g MCT-Fette aufgenommen werden.

Die MCT-Margarine ist wie herkömmliche Margarine als Streichfett verwendbar. Sie kann aber auch heißen Speisen (beispielsweise Kartoffelbrei oder Gemüse) zum Abschmelzen zugesetzt werden.

MCT-Kost „Kostaufbau"	
1. Tag	10 bis 20 Gramm MCT-Fette = 12,5 bis 25 g MCT-Margarine oder 10 bis 20 g MCT-Öl
2. Tag	30 Gramm MCT-Fette = etwa 40 g MCT-Margarine oder 30 g MCT-Öl
3. Tag	40 Gramm MCT-Fette = etwa 50 g MCT-Margarine oder 40 g MCT-Öl
4. Tag	50 Gramm MCT-Fette = etwa 60 g MCT-Margarine oder 50 g MCT-Öl
danach	60 Gramm MCT-Fette = etwa 40 g MCT-Margarine und 30 g MCT-Öl

Besonders zum Backen (bis 180°C) und als Geschmackszutat beim Kochen eignet sich MCT-Margarine. Zum Braten ist Margarine prinzipiell nicht geeignet. Das MCT-Öl eignet sich wie herkömmliches Speiseöl als Salatöl und zur Zubereitung von Speisen. Es ist nicht zum Fritieren oder langem Braten bei hoher Temperatur geeignet. Mittelkettige Triglyzeride haben eine geringere Erhitzbarkeit als langkettige Triglyzeride, und ihr Rauchpunkt liegt unter dem von LCT. Daher sollen MCT-Fette nicht über 150 Grad Celsius erhitzt werden. MCT-Fette liegen damit knapp unterhalb der Erhitzbarkeitsgrenze von Sonnenblumenöl.

Unter einer Kost mit mittelkettigen Triglyzeriden ist darauf zu achten, dass der Bedarf an lebensnotwendigen Fettsäuren (Linol- und Alpha-Linolensäure) und fettlöslichen Vitaminen (A, D, E und K) gedeckt ist. Die meisten MCT-Produkte enthalten ausreichend essentielle Fettsäuren und fettlösliche Vitamine.

Da auch MCT-Fette Kalorien enthalten, sollten sie nicht zusätzlich zu der normalen Ernährung, sondern im Austausch gegen LCT-Fette eingesetzt werden. Zu empfehlen ist eine Reduktionskost mit einem hohen Ballaststoff-Anteil aus Obst und Gemüse. Einen Musterplan finden Sie in dieser Broschüre. Die Kost sollte 1200 bis 1800 Kilokalorien täglich enthalten. Das verwendete Fett sollte insbesondere aus MCT-Produkten stammen. Beim Ersatz von normalen Fetten durch MCT-Fette wird innerhalb von 28 Tagen ein Fastenbonus von 2 bis 3 Tagen erzielt. Dieser Effekt, den die Prager Studie (8) zeigte, ist gleichbedeutend, als hätten die Probanden in dieser Zeit gar keine Energie zu sich genommen.

Haben MCT-Fette Nebenwirkungen?

Wenn die Dosierungen und das Einschleichschema eingehalten werden, haben MCT-Fette keine Nebenwirkungen. Sie sind bereits Bestandteil der Muttermilch. In der Diätetik sind MCT-Fette schon seit über 38 Jahren im Einsatz. In Deutschland essen tausende Menschen täglich MCT-Fett, meist schon über Jahre in Mengen von mehr als 60 Gramm pro Tag. MCT-Fette sind Bestandteil parenteraler Infusionslösungen, die auf Intensivstationen verwendet werden und werden selbst zur Energieversorgung von Frühgeborenen eingesetzt. Enthält die MCT-Kost ausreichend essentielle Fettsäuren und fettlösliche Vitamine, ist sie als Dauerkost geeignet. Auch Familienmitglieder, die nicht ihr Gewicht reduzieren wollen, können problemlos MCT-Produkte essen. MCT-Fette dürfen lediglich dann nicht verwendet werden, wenn ein entgleister Diabetes mellitus (Ketoacidose), eine dekompensierte Leberzirrhose oder chronische Niereninsuffizienz mit renaler Azidose besteht.

Welche MCT-Produkte sind auf dem Markt erhältlich?

MCT-Fette sind Bestandteil von Trink- und Sondennahrungen zur künstlichen Ernährung, von speziellen Lebensmitteln für Sportler und von Spezialfetten sowie diätetischen Lebensmitteln. MCT-Produkte erhalten Sie in Reformhaus. Angeboten werden MCT-Margarine, MCT-Öl und Produkte wie Schmelzkäse, Schokocreme, Mayonnaise, Gemüsepasteten oder Putencreme, bei denen große Anteile der LCT- durch MCT-Fette ausgetauscht wurden.

Musterplan für eine MCT-Kost zur Gewichtsreduktion

Frühstück

1 Glas Orangensaft	200 g	89,9 kcal
2 Vollkornbrötchen	100 g	237,6 kcal
MCT-Margarine	15 g	106,1 kcal
Konfitüre mit Süßstoff	25 g	17,3 kcal
Quark Magerstufe	25 g	18,8 kcal
2 Tassen Kaffee mit Milch	300 g	12,2 kcal
2 Gläser Mineralwasser	400 g	0,0 kcal
1 Apfel	130 g	67,4 kcal

Mittagessen

1 Glas Tomatensaft	200 g	29,2 kcal
3 bis 4 mittelgroße Pellkartoffeln	200 g	137,2 kcal
Erbsen	100 g	81,7 kcal
Mohrrübe	100 g	25,8 kcal
MCT-Margarine	10 g	70,7 kcal
Kabeljau im Gemüsebett gedünstet	125 g	112,0 kcal
3 mittelgroße Tomaten	150 g	26,2 kcal
MCT-Öl	10 g	88,4 kcal
2 Gläser Mineralwasser	400 g	0,0 kcal

Abendessen

1 Glas Mohrrübensaft	200 g	43,5 kcal
2 Scheiben Vollkornbrot	100 g	187,9 kcal
MCT-Margarine	15 g	106,1 kcal
1 bis 2 Scheiben roher Schinken / Lachsschinken	20 g	23,3 kcal
1 kleine Ecke Camembert (30 % Fett i.Tr.)	30 g	62,7 kcal
Gurke	100 g	12,2 kcal
Gemüsepaprika rot	50 g	18,4 kcal
MCT-Öl	10 g	88,4 kcal
2 Gläser Mineralwasser	400 g	0,0 kcal

Zwischendurch

1 Birne	125 g	65,4 kcal
1 Becher Joghurt (0,1 % Fett)	100 g	38,0 kcal
1 Flasche Mineralwasser	700 g	0,00 kcal

Ergebnis

Energie	1750,7 kcal
Fett	64,4 g
mittelkettige Fettsäuren	42,0 g
mehrfach ungesättigte Fettsäuren	10,9 g
Cholesterin	98,1 mg
Eiweiß	79,4 g
Kohlenhydrate	206,7 g
Ballaststoffe	40,2 g

Literatur

1. Adler M, Anemueller H: Über Verträglichkeit und Auswirkung neuer mit essentiellen Fettsäuren angereicherten MCT-Diätfetten einschließlich der Ergebnisse einer Pilotstudie. ZÄN Ärztezeitschrift für Naturheilverfahren 1997; 3 (38): 167-178
2. Baba N, Bracco F, Hashim SA: Enhanced thermogenesis and diminished deposition of fat in response to overfeeding with diet containing medium chain triglyceride. American Journal of Clinical Nutrition 1982; 35: 678-682
3. Bach AC, Ingenbleek Y, Frey A: The usefulness of dietary medium-chain triglycerides in body weight control: fact or fancy? Journal of Lipid Research 1996; 37: 708-726
4. Binnert C, Pachiaudi C, Beylot M, Didier H et al.: Influence of human obesity on the metabolic fate of dietary long- and medium-chain triacylglycerols. American Journal of Clinical Nutrition 1998; 67: 595-601
5. Dias VC, Fung E, Snyder FF, Carter RJ, Parsons HG: Effects of medium-chain triglyceride feeding in energy balance in adult humans. Metabolism: clinical and experimental 1990; 39 (9): 887-91
6. Dulloo AG, Fathi M, Mensi N, Girardier L: Twenty-four-hour energy expenditure and urinary catecholamines of humans consuming low-to-moderate amounts of medium-chain triglycerides: a dose-response study in a human respiratory chamber. European Journal of Clinical Nutrition 1996; 50 (3): 152-8
7. Elmadfa, Leitzmann C.: Ernährung des Menschen, Verlag Eugen Ulmer, 1998
8. Feldheim W: Mittelkettige Triglyceride (MCT) bei der Kontrolle des Körpergewichts. VitaMinSpur 2001; 16: 179-182.
9. Geliebter A, Torbay N, Bracco F, Hashi SA, Van Itallie TB van: Overfeeding with medium-chain triglyceride diet results in diminished deposition of fat. American Journal of Clinical Nutrition 1983; 37: 1-4
10. Götz M.-L. und Rabast U: Diättherapie, Thieme, 1999
11. Hainer V, Kunesova M, Stich V, Zak A, Parizkova J: Zeitschrift tschechischer Ärzte 1994; 133 (12): 373-375
12. Heepe F: Diätetische Indikationen. 3. Auflage 1998, Springer, S. 44, 532 f
13. Hill JO, Peters JC, Lin D, Yakubu F, Greene H, Swift L: Lipid accumulation and body fat distribution is influenced by type of dietary fat fed to rats. International Journal of Obesity 1993; 17: 223-236
14. Hill JO, Peters JC, Yang D, Sharp T, Kaler M, Abumrad NN, Greene HL: Thermogenesis in humans during overfeeding with medium-chain triglycerides. Metabolism 1989; 38: 641-648
15. Kasper H.: Ernährungsmedizin und Diätetik, Urban und Fischer, 2000, S. 10-12, 539 ff.
16. Kimoto Y, Tanji Y, Taguchi T et al: Antitumor effect of medium-chain triglceride and is influence on the self-defense system of the body. Cancer Detection and Prevention 1998; 22: 219-224
17. Müller M J: Ernährungsmedizinische Praxis, Springer, 1998,S. 302 ff
18. Müller S-D: Praxis der Diätetik und Ernährungsberatung, Hippokrates, 2000/2001, 26, 150

19.   Schlieper C A: Grundfragen der Ernährung. 15. Auflage 2000, Verlag Dr. Felix Büchner, S. 422
20.   Schweitzer A, Schmidt-Wilcke HA: Verdauung und Resorption lang- und mittelkettiger Triglyzeride. Ernährungs-Umschau 1993; 40 (10): 405-410
21.   Seaton TB, Welle SL, Warenko MK, Campbell RG: Thermic effect of medium-chain and long-chain triglycerides in man. American Journal of Clinical Nutrition 1986; 44: 630-634
22.   Tsuji H, Kasai M, Takeuchi H, Nakamura M, Okazaki M, Kondo K: Dietary medium-chain triacylglycerols suppress accumulation of body fat in a double-blind, controlled trial in healthy men and women. The Journal of Nutrition 2001; 131 (11): 2853-9
23.   Wanton GJ, Geijtenbeek TB, Raymakers RA et al.: Medium-chain, triglyceride-containing lipid emulsions increase human neutrophil beta 2 integrin expression, adhesion, and degranulation. JPEN Journal of Parenteral and Enteral Nutrition 2000; 24: 228-233
24.   Whyte RK, Whelan D, Hill R, McClorry S: Excretion of dicarboxylic and omega-1 hydroxy fatty acids by low birth weight infants fed with medium-chain triglycerides. Pediatric Research 1986; 20: 122-125
25.   Wymelbeke V van, Louis-Sylvestre J, Fantino M: Substrate oxidation and control of food intake in man after a fat-substitute meal compared with meals supplemented with an isoenergetic load of carbohydrate, long-chain triacylglycerides, or medium-chain triacylglycerides. American Journal of Clinical Nutrition 2001; 74: 620-630

Sven-David Müller, MSc. (Master of Science in Applied Nutritional Medicine / angewandte Ernährungsmedizin), staatlich anerkannter Diätassistent, Diabetesberater der Deutschen Diabetes Gesellschaft (DDG), 1. Vorsitzender des Deutschen Kompetenzzentrum Gesundheitsförderung und Diätetik e.V., Haddamshäuser Weg 4a, 35096 Weimar an der Lahn, www.dkgd.de, www.svendavidmueller.de

Buchtipp:

Ernährungsratgeber Magen und Darm, Sven-David Müller, Schlütersche Verlagsgesellschaft mbH

Die Müller Diät, Sven-David Müller, Schlütersche Verlagsgesellschaft mbH

In drei Wochen bin ich schlank, Sven-David Müller, AV Verlag

Die 50 besten Kalorienkiller, Weltbild

Die Kalorien-Ampel, Sven-David Müller, Trias

Die 50 besten Cholesterinkiller, Sven-David Müller, Trias

Die Cholesterin- und Fett-Ampel, Sven-David Müller, Trias

Ernährungsratgeber Cholesterin, Sven-David Müller, Schlütersche Verlagsgesellschaft mbH